The Fragrant Year

空間也需要好味道

打造天然香氛的68個妙招

Seasonal Inspirations for a Scent-filled Home

克萊兒‧露易絲‧杭特（Clare Louise Hunt）◎著
修娜‧伍德（Shona Wood）◎攝影　李怡萍◎譯

空間也需要好味道
The Fragrant Year

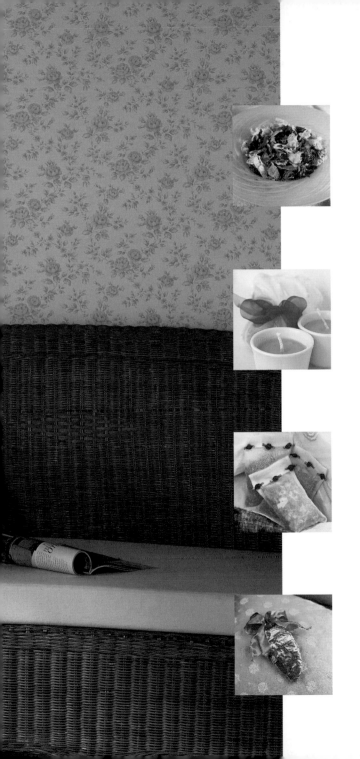

CONTENTS

前言   08

春之頌歌   10

夏之饗宴   34

秋之詠嘆   60

冬之禮讚   92

Step-by-step   124

前　言

人們最容易習以爲常的感覺應該非嗅覺莫屬了，我們每天生活在各種味道之中：從一大早醒來的烤麵包香，到出門一路上的烏煙瘴氣；雖然如此，我們卻常常忽視了健康的嗅覺對人生所帶來的影響。氣味能引發刺激，能激起我們對特定地方和事件的回憶；氣味一旦被銘記在心，任誰都會因爲某種特殊的氣味，而立即緬懷起學生時代或某個人生轉捩點。嗅覺是新生兒和母親生連繫的憑藉，也是有緣人彼此吸引的助力，甚至左右了我們選擇新居的決定。

我們的任何感官只要承受到強烈的刺激，就會讓人覺得不舒服；相反的，若接觸到正面能量的刺激，便能達到身心舒泰、心境平和的效果。例如：音樂可以使人平靜思緒，也可以振奮精神；動人的景致足以讓人屏息，全身按摩能讓我們放鬆。同樣的，美妙的香氣也能喚醒我們心靈深處那股自在恬靜，甚至是幸福的感受。

本書提供了很多妙招，幫助讀者打造一個滿室馨香的家。你可以從書中獲得許多實用的方法，讓甜蜜的家在一年四季中，配合你不同的心境，散放出各種清新宜人的香氣，不但能紓解壓力，還能振奮精神。不管在哪個季節裡，你都可以利用自製的混合乾燥花，讓室內芳香滿溢。將香草植物和精油加入浴缸裡，你就能盡情享受沐浴時光；你還可以在散發香氣的枕頭或坐墊上，和三五好友或坐或臥，一起享用你所準備的花茶。幾世紀以來，香草植物、鮮花和精油，一直被視爲具有療效和安撫情緒作用的珍寶，我衷心希望本書能爲讀者帶來一點啓發，共同創造更多的方法，讓我們的居家生活更有味道。

a time of boundless

spring

optimism, and new lif

春之頌歌

冬天即將步入尾聲，我們的感官也正值疲憊之際。此時，一陣輕柔的暖風、一抹湛藍的天光，和偷偷冒出頭的綠意，都足以喚回我們心中那股對生命的澎湃喜悅。春天是充滿無限活力的時刻，也是充滿旺盛、樂觀和新生氣息的季節。隨著冬天慢慢褪逝，春天的花香已漸漸擴散，清新宜人的氣味在空中飄盪，大自然不斷地透露出它的渴望，渴望將厚重的色彩和氣味，換成淡淡而柔和的清新色調。

LIVING ROOM

客　廳

　　你可以善用鮮花來裝飾你的餐桌，例如在一圈花泉之中，擺上一支蠟燭，並插滿香花，如黃水仙和小蒼蘭，這樣的擺設就很賞心悅目了。這些花樸素淡雅，別有一股魅力，因此隨興的插花方式更能造成非凡的效果，只要保持花泉潮濕，這個花飾就能維持好幾天。

LIVING OOM

客廳

　　我們可以利用一些色彩鮮艷的花朵，製作香氣襲人的混合乾燥花，例如黃水仙、水仙花、三色菫、紫羅蘭等。將花瓣或是整朵花，拿來做成乾燥花，再放入切得細細的檸檬皮和萊姆皮，並混合具有提神醒腦作用的複方精油，如葡萄柚、杜松、檸檬馬鞭草和迷迭香等。製作混合乾燥花的方法請見126-127頁。

KITCHEN

廚 房

雖然你並不需要擁有一個花園才能欣賞各式珍貴的香草植物，但隨著天氣漸暖，園丁還是會忍不住想將陣地移往戶外。要做美味的菜餚絕不能少了香草植物，它的獨特香味往往是製作美食的秘訣。將剛摘下的香草植物放入油罐和醋瓶裡，放置幾個月後，你就會發現植物的香味已完全浸入那些油和醋裡面了。

春天最適合栽種香草植物，例如紫蘇和迷迭香。在向陽的窗台上放幾個盆栽，可以為家中帶來滿室清新和綠意。

KITCHEN

廚　房

　　幾世紀以來，香草植物一直被視為具
有特殊療效。據說薄荷能改善消化不良，
使用的方法很簡單，只要將洗淨的新鮮薄
荷葉浸泡在滾開的水中即可。加點糖或蜂
蜜，味道更獨特，是咖啡或茶以外的另一
種美味的選擇。

平常可以在廚房儲備乾燥的香草植物，以備不時之需。儘管你的花園應有盡有，也不見得每次都能找到做菜所需的香料。在糖罐裡放入香草片，糖就有香草味了；用糖煮過的歐白芷根，可以鋪在食物上面當作裝飾點綴，用途廣泛。另外，也可以將整枝肉桂棒和肉豆蔻放入裝有肉豆蔻粉和肉桂粉的罐子裡保存。

在製作下午茶的點心時，可以試著做些遵循古法的點心。所謂古法就是利用天然食材的特殊風味來製作點心，例如葛縷子蛋糕、蜂蜜餅乾、薑餅、罌粟籽麵包等。圖片中的檸檬蛋糕鬆軟可口，酸甜的滋味讓人垂涎欲滴。製作有個小秘訣，就是先將蛋白和糖粉混合調勻，再將薄荷葉和檸檬片浸入，待凝固之後，就可以放在蛋糕上做裝飾。詳細做法請見135頁。

漫步在充滿花香的幽
林裡，是春天的一大
樂事。

KITCHEN

廚　房

　　春天來臨的主要徵兆就是百花齊放。你可
以在窗台種一些春季的花朵，像是水仙花和風
鈴草，或是在盆子裡裝滿香氣襲人的花朵，例
如報春花，它是一種有香味的櫻草。

將乾燥的薰衣草花束，用雅緻的薄紗包好束緊後，再塞入摺疊整齊的床單布堆中。

將混合乾燥花放入漂亮的方格棉布衣袋裡，使其香氣滿溢，然後就可以將你最心愛的睡袍收進衣袋裡。

令人期待的春天總是給人一種迎向新生活的喜悅，隨即而來最迫切的事，就是大掃除了。如果你喜歡有條不紊，那麼整理衣櫥，丟掉一些不穿的衣物，倒是一個不錯的解放經驗。想要使儲放浴巾床單的衣櫃充滿芳香，這裡有個簡單的方法可以幫你。詳細做法請見第134-135頁。

將精美的柑橘精油小香囊掛在衣架上，可以讓衣櫥充滿清香氣息。

LINEN CLOSET

　　在溫暖的季節裡使用冬天的香水，味道太濃，因此在天氣轉暖時節，就該換上淡一點的清新香水，例如含有花香和柑橘成分的香水。在這個季節裡，別再泡清油熱水澡了，試試淋浴吧，一定可以讓你精神百倍。用柑橘精油製成的身體噴霧，可以讓你在一大早就充滿熱情活力，準備好面對一天的開始。葡萄柚精油有種淡淡的果香，據說可以帶給人幸福、喜悅的感覺，尤其當你一早醒來感到昏昏欲睡時，正好可以使用。製作方法請見第136頁。

浴室 BATHROOM

浴室 BATHROOM

把乾燥的香草植物和香花放進薄紗包裡，掛在熱水的水龍頭下，流出的熱水就會連同花草的芳香，一起注入浴缸裡，然後再加冷水調到合適的溫度。泡澡時，就把沐浴香包留在浴缸裡，好好享受芳香舒適的時刻吧。詳細做法請見第131-132頁的「沐浴用品」。

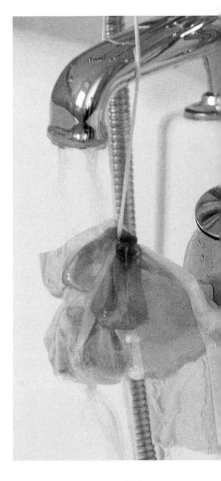

不管在什麼季節，點燃精油蠟燭永遠能令人心情愉悅。圖中這些淡藍色的蠟燭，是由杜松精油製成的，會散發出清新的水果香味，有提振精神、促進活力、恢復疲勞的功效。精油可單獨使用，亦可依心情需要，搭配兩、三種混合使用。製作各式蠟燭的方法請見第124-125頁。

SPECIAL OCCASIONS

要在情人節讓情人眼睛一亮的花束,必須挑選帶有香味、外形高貴典雅的花朵,麝香蘭和水仙花搭配起來,可以散發出一種迷人的香氣。把花束整理排列妥當後,用花藝膠帶將花梗纏緊,然後用一張玻璃紙將整束花包起來,再用橡皮筋束住底部。玻璃紙可以自行修剪成合適的大小,最後再用緞帶打上一個漂亮的蝴蝶結。

每個人都喜歡收到情人寄
來的信，你可以利用有香
味的筆寫信，讓你的情書
與眾不同。如果筆加了薰
衣草的花香，可以增添一
種古典的情趣。詳細做法
請見第137頁。

dewy roses in the

summer

breezes from the

夏之饗宴

夏日懶洋洋地在一年當中伸展開來，引起我們對無垠的藍天、甜美的熟果，以及嬌豔花朵的想望。你可以感受到夏季捎來的氣息：清晨帶露的玫瑰、剛除好的草堆、夾雜著防曬油味道的鹹海風、燠悶的街道上蒸騰的熱氣、飽滿的草莓，以及孩子們發燙的小手裡握著的冰淇淋甜筒。

現在正值香花和香草植物的採收時機，這些植物可用來製作混合乾燥花，讓你的家增添浪漫氣氛，等將來天氣轉涼時，這些混合乾燥花就可以派上用場了。

客　廳

　　餐桌上，在每條餐巾上放一枝新鮮玫瑰花，再打上漂亮的蝴蝶結。婚禮主桌擺上一個令人驚羨的花飾，可以讓婚禮增色不少。美麗花環的詳細做法請見第138頁。

夏天是採集玫瑰花
瓣的好季節，這些
玫瑰花瓣都是將來
製作混合乾燥花的
基礎材料。

客　廳

LIVING ROOM

要製作這盆造型迷人的插花擺飾，先在一個大玻璃碗裡注滿清水，然後在碗底排放鵝卵石，將玫瑰花的花梗穩穩地插在石縫之中。由中央部分往外插，插滿整個碗。

將你最喜愛的花朵製成壓
花,讓夏季的香氣和色彩,
留下永恆的紀念。

　　你可以在大型盆子裡或窗台花圃區,栽種白色的茉莉花。這種小花朵有著令人難以抗拒的香味,只要一打開窗戶,陣陣撲鼻的花香就會飄入屋內。你若有庭園,不妨在小徑和花台的空隙間,種上百里香和草地甘菊這類香草植物,當你踏在這些植物上面時,葉子就會釋放出獨特的香味,讓庭院處處飄香。

雖然香豌豆花採下之後，僅能維持數天生命，但它迷人的花香和優雅的形狀，一直是人們送花時最美的選擇。將花梗修剪成適合的長度後，就用花藝膠帶束緊，然後用兩張色彩不同的棉紙包好，再用拉菲亞草或緞帶，在底部打個蝴蝶結。

夏天到了，可以做一些香氣誘人的當季菜餚，讓客人大快朵頤一番，例如花草沙拉、香草植物麵包、多汁的鮮採番茄、當季水果，以及令人垂涎的冰沙和冰淇淋。

KITCHEN
廚 房

在冰碗裡裝著滿滿的草莓等當季水果，看起來漂亮極了。不一定要使用整朵玫瑰花苞來結凍，也可以用一片片的花瓣做成冰碗。詳細製作冰碗的方法請見第138頁。

冰淇淋球加上糖霜玫瑰花瓣，讓簡單的冰淇淋更顯得特別（製作方法請見第138頁）。若想更奢華一點，可以在餐桌上撒些新鮮的玫瑰花瓣。

廚　房

自製檸檬汁添加新鮮
的薄荷葉，就是大熱
天的爽口涼飲。

BATHROOM

浴室

將玫瑰水等清涼的化妝水拍打在臉上或頸部，或裝入噴霧器用噴的，可以讓皮膚收斂緊實。製作玫瑰化妝水的方法請見第139頁。

在夏天，要時時保持清涼舒爽並不容易，特別是在潮濕悶熱的天氣裡。一整天忙完之後，舒服地泡個冷水澡，拍幾滴玫瑰油在身上（如果你想更悠閒，不妨加一些玫瑰花瓣），全身放鬆躺在浴缸裡，感受平靜的水正在洗滌污濁疲憊的身心。加兩匙蜂蜜在熱水中溶解，再與玫瑰精油一起注入浴缸裡，對肌膚有極佳的保濕效果。

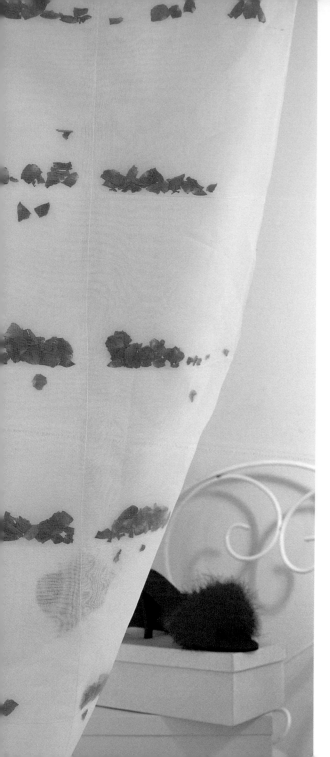

縫製蟬翼紗布幔很簡單，用來隔間格外漂亮。可以將它掛在薄紗窗簾前面，讓房間更優雅。將芳香的乾燥花瓣縫入兩片布幔之間，如此一來，每當經過這裡，就聞到陣陣撲鼻花香。蟬翼紗質地輕柔，只要輕風拂來，香氣自然就會飄散出來。製作方法請見第139頁。

私房芳香空間

LINEN
CLOSET

種植忍冬、老玫瑰、夜晚飄香的紫羅蘭和煙草花，黃昏時分庭院就會芳香馥郁。

私房芳香空間

LINEN CLOSET

沒有庭園的人，可以在家中放置塞入混合乾燥花的抱枕，就能恍如置身玫瑰花園之中。挑選一個漂亮的印花布料來做抱枕套，將稍小一點的抱枕放進去，並塞入一個香囊，裡面裝滿你最愛的夏日混合乾燥花。要挑最柔軟的花瓣，才不會坐起來太硬不舒服。做法請見第140頁的「抱枕和香囊」。

用新鮮玫瑰做成的花環，是非常高雅華麗的裝飾品。先剪掉玫瑰的花梗，再把花朵插入浸過水的花泉，然後再加一些忍冬的樹枝，增添不同的香氣。

在床頭或儲放浴巾床單的衣櫃裡，懸掛心形的玫瑰薰香球。如果花苞已吸收過精油（請見第127頁），香味就能延續整個夏季。製作香球的方法請見第141頁。

LINEN CLOSET

將薰衣草、牛膝草、青蒿和乾燥玫瑰紮成一束放在衣櫃，不但能散發淡淡幽香，還能防蛀蟲。先用鐵絲纏繞植物的莖部，綁一個蝴蝶結，再將鐵絲隱藏起來。

58

the rich earthy smel

Autumn

underfoot, the faint

秋之詠嘆

當夏季逐漸轉為秋季時，灰濛濛的長日一天天地變短，天空呈現嶄新的活力。剛割下的雜草味道和盛開花朵的香氣都已逐漸消逝，取而代之的是鮮採蘋果的香味、經雨水洗禮過的田野和焚燒樹葉的野火。每個季節都具有能激起人們回憶的混合氣息，秋季也不例外。它的味道有：踏在腳底下的濕草所傳出來的泥巴味、隨風飄來清淡的木頭煙燒味，還有淋在蘋果上的焦糖香甜味。

Autumn

客廳 LIVING ROOM

　　沙發或扶手椅不擺放幾個抱枕，讓人下班後慵懶舒適地躺臥，彷彿會覺得缺少了什麼。你可以自己設計製作抱枕，也可以用現成的。只要在抱枕套裡塞入一個乾燥花香包即可。結合花朵和精油的混合乾燥花做法，請見第142頁。

KITCHEN

廚房

蘋果除了香氣迷人、味道甜美之外，還可以用來做漂亮的裝飾品，讓你的廚房更質樸可愛。切片的曬乾蘋果，本身就能散發出淡淡的香味，但你還是可以再增加芳香。在棉布上灑幾滴肉桂精油，再用棉布輕輕地包住切片的蘋果，擱置數週後，將蘋果片穿成一串。詳細做法請見第142頁。

將用樹枝編成的球放進塑膠袋裡，灑上幾滴芳香精油。秋天可選擇佛手柑或檀香這類讓人溫暖的香味。兩、三週後，這些球就會充滿香氣。接著，再用彩帶綁好，就可以將球放入簡單的木碗裡做裝飾。

LIVING ROOM

客　廳

趁著豐收的季節，進廚房烤一些熱騰騰的派，驅走秋天的涼意。如此美味的食物，絕對能滿足你的口腹之慾，這種幸福的感覺，無與倫比。自製蘋果派極受人喜愛，滾燙地從烤箱端出上桌，再淋上安格拉奶油（crème Anglaise）或高脂鮮奶油（heavy cream），相信沒有人可以抗拒這種美食。

KITCHEN
廚　房

在水果盛產的秋天，不妨撥出幾個小時來製作果醬，將水果的精華保存起來。果醬會讓廚房充滿酸甜的味道，也會讓早餐或點心時間成為難得的饗宴。如果再烤一些麵包，那麼家裡的每個角落就會飄散著美味的香氣。

廚房

焦糖蘋果的滋味常會令人憶起萬聖節或營火晚會的時光，尤其是焦糖在爐子上滾燙地冒泡時，更將記憶帶回熱鬧的夜間慶典中。既香又甜的紅蘋果，再裹上一層糖衣，保證讓孩子們看得口水直流。用明亮的紅色玻璃紙包起來，可以讓焦糖蘋果看起來更高雅。第143-145頁有所有秋季美食的製作方法。

KITCHEN

　　秋意漸濃、寒風來襲的時刻，最適合招待朋友熱騰騰的香料蘋果酒。不僅如此，在廚房裡調煮一大鍋香料，還能營造溫暖的氣氛，讓人食指大動。

廚房

KITCHEN

BEDROOM
臥 室

將抽屜的內襯用你最愛的香草來薰香，做法非常簡單，而且還可以讓衣服在冬天也不會有霉味。先將一張紙剪成跟抽屜一樣的大小，再和乾燥花香囊（請見第128頁）一起放入塑膠袋裡，放置兩、三週。紙張盡量選用手工製的紙，若上面壓有花瓣或樹葉更漂亮。

將乾燥的玫瑰花瓣或高雅的混合乾燥花縫入薄紗袋中，就能做成可愛的枕頭香囊，放在客房的枕頭裡，能讓客房的空床保持清新芳香。混合乾燥花的做法請見第145頁。

　　把塵封整個夏季的大衣拿出來時，最讓人心痛的莫過於發現上面已長出蠹蟲。蠹蟲會怕樟腦丸的味道，大部分的人也不喜歡。有種天然的防蠹蟲藥劑，那就是薰衣草。薰衣草不僅能防止蠹蟲，還能薰染衣服。縫幾個絨布香囊袋，裡面裝滿乾燥薰衣草，外面再縫上小玻璃珠，讓香囊更漂亮。如此一來，衣櫃抽屜不僅香氣迷人，而且還閃閃發光呢！製作香囊的方法請見第146頁。

臥　室

　　若天氣太過寒冷而無法開窗，就在室內陳設幾個混合乾燥花的擺飾，讓家中充滿清新自然的氣氛。例如放一些乾燥的玉米穗軸和松果等樹林裡撿拾而來的材料，讓擺飾看起來更有分量，也能增添秋季的氣息，或者再放些玲瓏可愛的中國燈籠來配色。另外，精油的選擇以營造溫暖氣氛和安全感為主，適用精油請見第146頁的做法說明。

BEDROOM

想將外套和夾克在冬天收藏好，一定要掛在品質較好的衣架上，才能確保不變形，尤其是填入保護墊的衣架，更不傷衣料，也不會破壞衣服的剪裁設計。當然，若填入的是芳香的保護墊，則不僅是衣服，連整個衣櫃也都會沾染精油香味。芳香保護墊衣架的製作方法請見第146頁。

臥室

BEDROOM

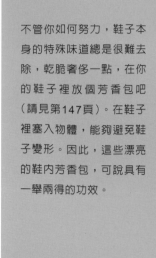

不管你如何努力，鞋子本身的特殊味道總是很難去除，乾脆奢侈一點，在你的鞋子裡放個芳香包吧（請見第147頁）。在鞋子裡塞入物體，能夠避免鞋子變形。因此，這些漂亮的鞋內芳香包，可說具有一舉兩得的功效。

玄關

HALLWAY

浴　室

世上最奢侈的享受莫過於沐浴了，何不在每個季節裡，好好寵一下自己，享受美好的沐浴時刻。在秋天，可以做一些叮愛的手工香皂放在洗手台。為了要配合秋天的感覺，材料的顏色可選用溫暖的色系，味道則採用較濃、較暖和的香味，例如柳橙、香橙花和肉桂。柳橙精油的特色在於溫暖愉快的感官刺激，並且能為環境帶來一種積極正向的氣氛。詳細做法請見第147頁。

BATHROOM

　　儘管夏天已經結束，但若想插花，園子裡仍然可以找得到很多新鮮花朵可供使用。遲開的玫瑰搭配秋季漿果，交織成美麗的餐桌花飾。秋天最好選擇暖色系的花朵來搭配，能夠為室內增添宜人的光彩。

HALLWAY

快步行走一段時間後，要恢復氣色的最好方法，莫過於一杯熱騰騰的巧克力了。在鍋子裡加一點熱水，將一大塊香濃的黑巧克力放進去融化，再慢慢加入牛奶，不停地攪動。怕巧克力太苦，可以加點糖，甚至可以在上桌前再加一層發泡鮮奶油。

KITCHEN

廚 房

現磨咖啡別有一股誘人的香味，為了保持新鮮，最好在泡咖啡之前才磨咖啡豆。

winter

冬之禮讚

進入冬天，聖誕節的腳步也近了，此時最令人嚮往的是溫暖舒適的室內氣氛，我們的感官所渴望的，正是已隨夏日逝去的暖意和明亮的感覺，而吸引我們的是厚重的暗色系色彩、給人溫暖感受的食物、觸感溫柔的布料，以及能令人懷想起冬天美妙事物的醉人芳香。在酒裡添加丁香、桂皮和薑，加熱後會散發出的奇異風味。另外，還有聖誕樹和松毬這兩種冬季獨特的味道。以上種種氣味，交織營造出一種安全的感受和幸福的氛圍。偶然間嗅得這些氣息，無論是哪一種，都能立即將時光帶回我們最喜愛的冬季回憶中。

送禮時節

　　聖誕樹本身就會散發出一種能提振精神的獨特氣味，但你仍然可以再增添自己喜愛的裝飾品。掛上一顆顆檸檬和萊姆，能讓聖誕樹增添振奮的熱情，一束束的肉桂棒則流露出聖誕節特有的香氣，另外還有香味濃烈的薑餅，更讓人不得不在聖誕樹下佇足欣賞，讓自己浸淫在芬芳的香氣中。

SPECIAL

OCCASIONS

SPECIAL

包裝禮物宜簡潔但不失創意。不妨運用緞帶、乾燥香草和花朵來包裝，呈現個人的風格。例如一小束的薰衣草、玫瑰花，以及其他有香味的乾燥花朵，或是紮一小束香草，像迷迭香和月桂葉，然後再把花束的莖部塞入蝴蝶結裡就可以了。

OCCASIONS

客廳

LIVING ROOM

這些可愛的裝飾不僅
做法簡單,而且香味
獨特。用尖刀在結實
的萊姆皮上劃出刻
痕,然後放入烤箱用
低溫烤(約攝氏121
度),烤到完全乾燥為
止。放涼之後,再把
萊姆放進塑膠袋裡,
灑上幾滴味道刺激的
柑橘精油,擱置幾天
即可。

99

天冷或天黑時，容易讓人精
神，但新鮮柑橘的香味能夠振
情、神清氣爽。在桌上擺一盤雕刻
的萊姆，可當成藝術品供人欣賞。不
僅色彩奪目，而且還會散發刺激提神
的香氣。使用裁切油地氈專用的刀片
（手工藝品店可買到），在果皮上刻出
簡單的設計圖樣。刻痕的地方塗上檸
檬汁或萊姆汁，可以避免刻痕處變
黑。釘上丁香花苞的萊姆更引人注
目，除了水果的香味之外，還能聞到
丁香花苞所散發出來溫暖濃郁的香
氣。記得先用竹籤或叉子在萊姆皮上
刺洞，再將丁香花苞插入。

LIVING

綁成一束的肉桂不僅美觀，更是特別的聖誕裝飾品。用剪刀將所有的肉桂剪成相同的長度，每四或五根肉桂放在一起，再用鐵絲緊緊纏繞，讓尾端形成圓圈狀。用緞帶打上蝴蝶結來遮蓋鐵絲，然後就可以將這束肉桂掛在聖誕樹上了。

ROOM

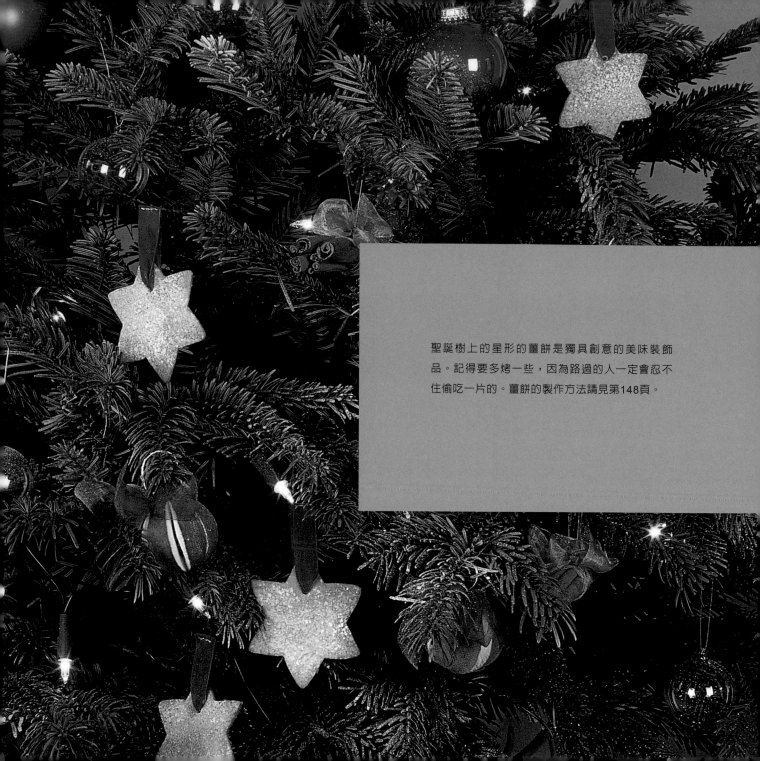

聖誕樹上的星形的薑餅是獨具創意的美味裝飾品。記得要多烤一些，因為路過的人一定會忍不住偷吃一片的。薑餅的製作方法請見第148頁。

LIVING ROOM

客　廳

蠟燭最能營造氣氛,不僅拉近了你和你的家的距離,還能讓四周環境更為柔和寧靜。點燃精油蠟燭能將精油釋放到空氣中,迅速轉變空間的氣氛。選擇的香味不同,家中所營造出來的氣氛也就不同,可能是感性、振奮,或是放鬆的氣氛。製作方法請見第124-125頁的「芳香蠟燭」。

冬季時節,不妨讓自己沉溺在厚重濃烈的香氣裡,有助於保持溫暖舒適且愉快的心情。乳香、琥珀、天竺葵、丁香和柳橙,這些香氣組合起來,可以變出神奇的聖誕節魔法。在蠟燭容器外黏上芳香的花瓣(製作方法請見第127頁),可以讓香氣綿綿不絕,因為當蠟燭燃燒時,蠟和香花的味道會結合在一起,散發到空氣中。

LIVING ROOM

製作各式與眾不同的冬季混合乾燥花，放在各個房間裡，可以讓每個房間都洋溢著不同的花香。建議嘗試可以振奮心情的精油組合，如肉桂、薰衣草、柳橙和萊姆。製作方法請見第149頁。

客　廳

LIVING ROOM
客　廳

　　從戶外散步拾集而來的松毬，噴上白色和銀色顏料，排放在一個漂亮的盅裡堆疊起來。這種裝飾品絕既美觀又大方，是節日慶典的漂亮擺飾。在開始製作之前，先將收集來的松毬放入塑膠袋裡，並滴入帶有刺激香味的肉桂和丁香精油，放置一週後即可上色。輕輕噴上一層白雪般的顏色，趁未乾之前撒上亮粉（glitter），然後就可以排在盅裡，做成一個造形簡單卻又香氣十足的擺飾。

　　在漫長的冬日裡要保持室內馨香，並非全得靠芳
香精油才能辦到。風信子是美麗的冬季花朵，而且有
一種令人著迷的花香，無論在多大的地方，風信子的
香味依舊能夠瀰漫整個空間。

客 廳

LIVING ROOM

焚燒立香也是一種讓房間薰染
香氣的方法，而且經濟實惠。

一年四季隨時都可以舉行的一項最愜意的儀式是沐浴，尤其正當寒風刺骨的時節，唯有熱水澡才能真正帶來暖意。善待一下自己，加幾滴芳香精油和無香精沐浴乳在浴缸裡，盡情地沉浸在其中吧！

　　很多人在冬天容易感染風寒、鼻塞，其實只要利用某些香精油就能解決問題了。據說泡澡時加入歐白芷、尤加利樹、絲柏、松木，以及杜松等精油，就能治療感冒，還能讓鼻子暢通。

用柳橙和丁香花苞製作一個
典雅的薰香球，放進儲放浴
巾床單的衣櫃裡，讓你的衣
櫃充滿香濃刺激的氣息。選
一個堅實厚皮的柳橙，先用
竹籤在果皮上穿洞，再將丁
香花苞一一插入，然後用絲
帶將柳橙纏緊，最後尾端留
一個圈圈，好讓你可以懸掛
起來。

臥室應該是個寧靜詳和、舒適浪漫的天堂，就
讓臥房充滿自己喜愛的東西吧！像質感豪華的布
料、安撫情緒的色彩、放鬆心情的造型，以及具有
愉悅安眠作用的香味。晚上能睡個好覺是身心健康
的重要關鍵，白天忙亂的生活步調應該在入眠前回
歸平靜，由柔軟華麗的天鵝絨做成的芳香枕頭（請
見第149頁），顏色漂亮艷麗，是晚上不可或缺的好
夥伴。將最愛的香草植物做成混合香囊，能讓你睡
得香甜。有助眠功效的精油包括天竺葵、蜂蜜、薰
衣草和含羞草等。據說柳橙和肉豆蔻能讓人做快樂
的夢，而茉莉花、依蘭和廣藿香，則被公認具有催
情效果。

BEDROOM

臥室

冬天到來，可以盡情享用高熱
量的食物，不僅能讓人保持心
情愉快，還可以有助於抵禦寒
冬。營養豐富的水果布丁更是
一種難得的享受。

KITCHEN

廚

房

冷颼颼的冬夜裡，沒什麼比熱騰騰的香料甜酒所散發出
的刺激芳香更能將刺骨的寒意驅走。典型的料理方法請見第
151頁，其中還包括帶點辛辣香味的肉桂、丁香和新鮮柳橙。

直接使用已纏好松枝的底環，添加芳香飾品，這樣就可以做出一個別致的聖誕花環了。雖然可以在聖誕節去花店買現成的松枝花環，但其實自己就可以動手做。詳細做法請見第131頁的「聖誕花環」。

此外，用迷迭香來裝飾也很適合，不過用哪一種新鮮的香草來做裝飾都可以。在花環裡塞入肉桂棒、乾燥的柑橘片、紅石榴、蘋果或香味四溢的橘子、丁香等，再搭配枝葉調整出最美的造型。新鮮水果可以維持兩週，但若希望花環能持續掛到新年，最好選用乾燥的水果或特製的薰香球。

HALLWAY

HALLWAY

在走廊上點芳香蠟燭，可以讓你的家倍感溫暖，令人陶醉。蜂蠟燭點燃時會釋出蜂蜜味道的迷人香氣。想製作如照片所示的花飾，首先要在花盆裡放上一圈花泉，將蜂蠟燭放置其中，然後沿著蠟燭等距離插卜芳香的乾燥玫瑰花（請見第127頁），再上插滿薰衣草枝，將花泉完全覆蓋住。為了增加效果，可將花飾放置在鏡了前。精油蠟燭散發的芳香，加上廚房傳來誘人的香味，這就是所有節慶的最佳寫照。

芳香蠟燭

雖然市面上很容易買得到芳香蠟燭,但若能自己
動手做,樂趣更多。只是要切記:蠟油非常熱,
一定要等到涼了之後才能碰觸,而且要準備適合
的溫度計測量溫度,不能用猜的。另外,不能直
接將蠟加熱融化,要隔水加熱。一旦蠟開始冒
煙,就要立刻熄火放涼。

杯燭

石蠟	蠟燭染料
硬脂酸甘油	蠟燭香料
玻璃燭杯	雙層鍋
量杯	溫度計
燭芯	竹籤
燭芯鐵座	

1、石蠟凝固後呈現無色無味、光滑透明的狀態,若單
　　獨燃燒,很快就會燒盡,因此需要加入另一種蠟
　　液,叫做硬脂酸甘油(stearin),讓蠟燭能持續燃
　　燒。一般是用百分之九十的石蠟加百分之十的硬脂
　　酸甘油。

2、要知道石蠟和硬脂酸甘油的分量,可以先在燭杯裡
　　加水,加到所需的蠟燭高度,再將水倒入量杯裡測
　　量,約每半杯水需要90公克(3盎司)的冷蠟。

3、燭芯的長度不必太長,比獨立式蠟燭稍短即可。先
　　將燭芯的一端打個圈,浸入融化的蠟液裡,浸泡幾
　　秒鐘,然後抽出來懸掛凝固,再把燭芯的一端固定
　　在燭芯鐵座上。

4、將硬脂酸甘油放在雙層鍋（double boiler）的上層，加
　　熱水融煮。若沒有雙層鍋，也可以用一大一小的平底鍋
　　代替。用中火加熱，當硬脂酸甘油完全融解，變為清澈
　　的液狀時，再慢慢加
　　入少量染料。

5、將石蠟加入鍋內用
　　中火煮，再添加蠟
　　燭香料，加熱至攝氏
　　82度。

6、將燭芯鐵座置於燭杯底
　　部，加入一點蠟液使其
　　凝固。將燭芯的另一
　　端纏繞在竹籤
　　上，使其緊緊固
　　定在燭杯中
　　央。接著，謹
　　慎地將蠟液倒入燭
　　杯中約一公分（使用剩餘的臘液），敲敲燭杯的杯緣，
　　讓空氣跑出來，然後擱置一段時間，使等待冷卻凝固。

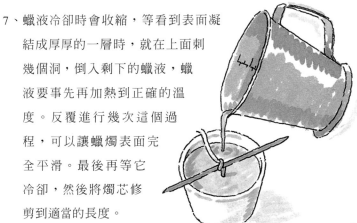

7、蠟液冷卻時會收縮，等看到表面凝
　　結成厚厚的一層時，就在上面刺
　　幾個洞，倒入剩下的蠟液，蠟
　　液要事先再加熱到正確的溫
　　度。反覆進行幾次這個過
　　程，可以讓蠟燭表面完
　　全平滑。最後再等它
　　冷卻，然後將燭芯修
　　剪到適當的長度。

混合乾燥花（potpourri）

potpourri的原意是指一鍋腐爛的菜，正好點出混合乾燥花最早的做法，就是在大瓦缸裡放入半乾燥的花朵，等待發酵，即所謂的潮濕法。這種方法能製作出香味濃烈的乾燥花。現代的做法則是乾燥法。用乾燥法做出的乾燥花更令人愛不釋手，因為製作後的每一個材料仍清晰可辨，只是香味稍淡。

潮濕法

3杯玫瑰花瓣
1/2杯粗海鹽
1/2顆柳橙或檸檬皮，榨乾磨碎（可有可無）
3湯匙的自選乾燥香草
2湯匙的自選香料

1、製作潮濕乾燥花的基底材料通常是玫瑰花。天氣晴朗時，採集完全盛開的玫瑰花，將花瓣摘下，一片片放在平坦的容器上晾乾。容器要有洞，才能讓空氣流通，例如鐵架或是淺層的籃子。顏色不同的花瓣要分開放，以免染到色。花瓣要晾在戶外的艷陽下，或室內溫暖通風處。等花瓣變硬，就可以用來做潮濕的乾燥花。

2、花瓣量達三杯時，準備一個大容器，將花瓣和鹽分層放入。第一層先放花瓣。測量重量時連容器一起量。夏天時花瓣和鹽的分量可以多放。在最後一層花瓣放好之後，封存六週。

3、混合花瓣會逐漸變乾燥，將流出的水倒出留著，洗澡時加到浴缸裡，格外芳香。

4、六週後，混合花瓣變成一整塊乾燥花，將它放在碗裡剝開，添加其他的香料一起攪拌。接著，放到塑膠袋裡再密封存放四週，讓所有香味混合。最後倒入不透明的罐子裡，需要時打開蓋子，就會芳香四溢。利用這種方法製作出來的乾燥花，香氣可以維持數年。

乾燥法

利用乾燥法做混合乾燥花很簡單，而且看起來更漂亮，因為每一片花、葉都清晰可見，只是香氣不如潮濕法保持得那麼久，所以有人會添加精油來維持香味。製作乾燥花的方法不只一種，可依個人喜好，選擇適合的方法。

挑選喜歡的玫瑰花瓣、香草植物、花朵和葉子
玫瑰花苞
香料粉
柑橘切片
香鳶尾根粉
精油

1、將花瓣和葉子鋪在鐵架上，置於陽光下或溫暖通風的室內晾乾。以同樣的方法將玫瑰花苞曬乾。
2、將乾燥的花瓣放在一個大容器裡，加入香料和柑橘切片混合，每10盎司（約300公克）的混合乾燥香料加入1盎司（約30公克）的香鳶尾根粉，能讓其他香料的香味持久。
3、添加喜歡的精油，一次一滴，邊加邊攪拌混勻。
4、將混合乾燥花倒入有蓋的容器或密封塑膠袋裡，擱置六週，每兩天就拿起來搖晃一下。這種方法可以應用在香味漸淡的乾燥花上。只要將乾燥花放入塑膠袋，再加入幾滴精油搖晃一下，就能讓乾燥花恢復芳香。

香花

花瓣和花朵
棉花球
精油

將花瓣和整株花朵放入塑膠袋裡，再將滴了精油的棉花球也放進去。兩、三週後，花朵就能完全吸收精油的香味。

抱枕和香囊

香氣四溢的抱枕不僅芳香撲鼻，也應該要兼顧柔軟舒適的機能性。製作芳香抱枕時要切記，將混合乾燥花稍微壓碎，尖銳的部分才不會刺穿布料。雖然可以直接在喜愛的抱枕裡塞入香囊，但若能自己動手設計製作，會更有成就感。另外，做抱枕填充料時，要選擇質地柔軟的素材，例如鴨絨或鵝絨。為避免抱枕容易變肩，可以多塞一點。如果覺得絨毛和羽毛太貴，可以改用泡棉或兩片厚棉花軟墊。

混合乾燥花香囊

做香囊袋的薄紗（大小適中，避免放不進抱枕套）

棉線

大頭針

混合乾燥花

1、兩片薄紗粗縫在一起，留下一側開口。

2、混合乾燥花放入香囊裡，開口縫合。

3、要維持香囊的美觀，不妨將四個角修剪整齊，完成第一個步驟後，將袋子由內往外翻過來。混合乾燥花填入香囊之後，再將不平整的邊往內摺並壓平，然後縫合起來。

背後有拉鍊的抱枕

適量的布料，製作抱枕套用
拉鍊
棉線
大頭針
混合乾燥花香囊

1、將抱枕布料裁成兩片，背面那片比正面那片長
約1吋半。選一條和布料搭配的拉鍊，寬度較
抱枕略短2吋。

2、將背面那塊布對摺並裁成兩半，將兩塊布正面
相向，用大頭針在較長的一側約3/4吋處固定
並粗縫起來，再用縫紉機在離接縫約1吋處縫
起來。

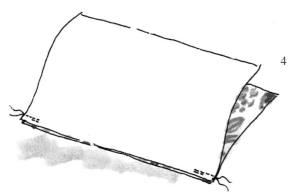

3、將兩邊的縫份攤開，用熨斗熨
平，再將拉鍊正面朝下放在縫
份處粗縫起來。然後將整塊布
翻到正面，用迴針縫的方法將
拉鍊縫到正確的位置，也可以
使用縫紉機換上拉鍊壓腳板來
車，非常方便。最後將粗縫的
線拆掉。

4、將抱枕正面和背面的兩塊布
正面相對，用針別在一起，
然後用迴針縫或縫紉機從接
縫附近縫合。

5、將縫份周圍角落修剪好，翻到
正面，把四個角都翻好，然後
從拉鍊開口處塞入填充料和乾
燥花香囊，拉上拉鍊。

聖誕花環

自己製作芳香的聖誕花環能帶給你極大的成就感。只需簡單的鐵絲框、常綠樹的樹枝，以及自己喜愛的各式芳香飾品，就能為家中增添美妙的氣氛。這裡介紹的是松枝花環，事實上，可以使用任何一種常綠樹木的枝葉。

松枝花環

鐵衣架或現成的鐵絲框	水苔
插花用的鐵絲	松枝
芳香飾品	緞帶

（例如肉桂束、乾燥柑橘片、香草束，和松毬等）

1、若是使用衣架，請小心地圓形，掛鉤留著。若現成框沒有可以懸掛的圓圈，己用鐵絲摺個圓圈。

2、用其他的鐵絲將水苔纏繞上，直到鐵絲框完全覆蓋水苔為止。

3、將松枝一段一段地仔細纏繞上去，避免露出梗。

4、稍微整理修飾鐵絲框，然後開始纏繞芳香飾品。

5、用緞帶在花環上打個蝴蝶結，懸掛起來。

沐浴用品

使用沐浴用品,不僅能使皮膚清香動人,還能讓浴室充滿迷人的芳香。製作沐浴精油要特別注意,精油須先用無香精的純基底油稀釋過。最佳的基底油是一種調製過的蓖麻油,叫做土耳其紅油,一般藥局都可以買得到。

一般沐浴精油

1/4杯基底油,例如土耳其紅油、甜杏仁油、荷荷芭油或向日葵花油

約20滴自己喜愛的精油

幾滴食用色素(可有可無)

1、將基底油倒入消毒過的瓶子裡,精油不要超過三、四種,一次不要倒太多,搖晃使之混勻。

2、存放兩週讓香味融合,避免日照。將混勻的精油倒入瓶子裡,使用前要搖晃。當浴缸裡的熱水調到適合的溫度時,就可以加入1湯匙沐浴精油。

泡沫沐浴精油

1/2杯甜杏仁油

1/4杯溫和無香精的沐浴乳或嬰兒洗?精

約10滴自己喜愛的精油

1、 將甜杏仁油倒入消毒過的瓶子裡。

2、 加入沐浴乳,搖晃均勻。

3、 加入精油,再繼續搖晃混勻。放置兩週使味道融合。放宗洗澡水,加入2湯匙即可。

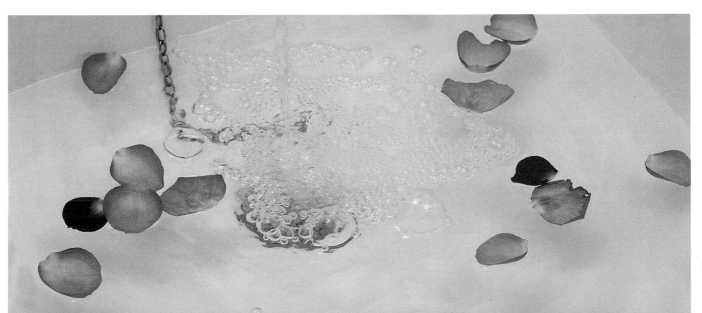

肥皂變香皂

約5滴精油
紗布或吸力強的棉布
無香精肥皂

1、在紗布或棉布上灑幾滴香精油。
2、用沾滿精油的布包住肥皂，放入塑膠袋中。封
　　存兩個月後，肥皂就變成香皂了。

精油泡腳

熱水
2湯匙海鹽
約20滴精油

1、在浴缸裡注入適量的熱水，浸到膝蓋。
2、加入海鹽，攪拌溶解。
3、熱水溫度適中時，加入精油。接著，你就可
　　以坐下來，將腳放進浴缸裡浸泡，紓解雙腳
　　的壓力。

沐浴香包

約4 x 10吋的薄紗
棉線
自己喜愛的數種香草植物
細繩或緞帶

1、薄紗對摺，較長的兩邊縫起來，縫份約1/2
　　吋，形成有開口的袋子。
2、修整四個角，將袋子的由內往外翻出來。
3、袋口離邊約1吋半處，打摺做摺縫。
4、香草植物放入袋中。
5、將打摺的線收緊後打結，使袋口密合。在打
　　摺處綁上細繩，留一個線圈，讓袋子可以掛
　　在熱水龍頭下。若喜歡美觀，可以再綁上漂
　　亮的緞帶。

How-to Instructions
The Seasons

薰衣草束

約50株乾燥的長梗薰衣草	緞帶
細繩	剪刀
有圖案的薄紗	棉線

1、薰衣草花梗處用繩子束緊。

2、裁一塊約24x5 1/2吋的薄紗,較長的一邊對摺,並將長邊縫合。將正面翻出來,底部鑲邊,避免磨損。

3、輕輕地將薰衣草束放入薄紗袋裡,在花梗處綁上蝴蝶結。

柑橘精油香囊

柑橘類精油,例如葡萄柚、檸檬或香橙花

一小塊白色薄紗	黃白相間方格棉布
直徑約12吋的盤子	裁縫用粉筆
剪刀	緞帶

1、在小薄紗上灑幾滴精油。

2、黃白格子棉布正面朝下,放在桌上。盤子放在布中間,用粉筆沿著盤子描線,然後剪出一個圓形。

3、薄紗放在圓形的方格棉布中間,棉布包起來,在束口綁上緞帶,做成一個小香囊,可以掛在衣架上。

迷迭香味的油

高品質的橄欖油

迷迭香枝

將一大枝新鮮迷迭香放入橄欖油瓶裡,擱置陰涼處。數個月後,橄欖油充滿迷迭香味,而且可以食用。

龍艾醋

2~3枝新鮮龍艾

高品質的白酒或蘋果醋

將洗淨的乾龍艾枝放入一瓶醋裡,蓋緊瓶蓋存放三週。間或搖晃,醋就能完全浸染迷人的香氣。若要做成禮品,可將醋過濾到另一個乾淨的瓶子裡,並換上新鮮的龍艾枝。

睡衣收納盒

剪刀
藍白相間方格棉布
棉線
漂亮的花邊
薄紗香囊

混合乾燥花的材料：

2杯玫瑰花瓣
2杯薰衣草
1杯桃金孃
1杯山梅花
1杯紫羅蘭
1杯忍冬
丁香粉、肉桂粉、牙買加胡椒粉（allspice）各1茶匙

1、剪三塊約12 x 24吋的布，其中一塊布的短邊縫上摺邊，將另外兩塊布正面相向，包住縫有摺邊的布，然後再將沒縫邊的另外三個邊縫合起來。

2、另外兩塊布未縫合的邊縫上摺邊，將布的正面翻出來，形成有兩個口的套子。一邊用來放睡袍，另一邊則可用來放混合乾燥花香囊（香囊的做法請見第130頁）。

3、套子的開口處縫上摺邊，再加上漂亮的花邊就完成了。

檸檬蛋糕

製作八吋大的蛋糕
蛋糕所需的材料：
1/2杯（或一條）室溫狀態下的無鹽奶油
1杯砂糖
3顆蛋
1湯匙的細碎檸檬皮
1 1/2杯麵粉
1 1/2茶匙泡打粉
1/4茶匙鹽
1/3杯新鮮檸檬汁

檸檬醬：

1/4杯新鮮檸檬汁
1茶匙砂糖

蛋糕上的裝飾：

1個蛋白
新鮮薄荷葉（洗淨拭乾）
1顆檸檬，從中間橫切成薄片
1/4杯砂糖
3茶匙糖粉

1、烤爐預熱至攝氏約180度，用奶油刷8吋大、2吋深的圓形蛋糕烤盤，盤底鋪上烤盤紙或蠟紙。

2、奶油和糖混合，用電動攪拌器以高速攪拌至變淡黃色。打蛋，一次打一個，連續打3分鐘以上，或打到成濃稠的檸檬色為止。加入細碎的檸檬皮，用木頭湯匙攪拌。

3、麵粉、泡打粉用鹽用篩子篩過，加入攪拌。一次加1/3，再交替加一些檸檬汁。

4、麵糰鋪在已處理好的烤盤裡，放入烤箱中，烤約50分鐘，烤成金黃色即可。

5、檸檬汁和糖在小碗中混合均勻，當成蛋糕上的醬汁。等蛋糕變涼，淋在整個蛋糕上。

6、打蛋白時加一點水，打到剛變成泡沫即可。薄荷葉和檸檬切片浸入蛋白裡，灑一些糖，再將多餘的糖甩除，放在網架上使其凝固。蛋糕變涼後，篩一些糖粉在蛋糕上，然後把裹上糖的薄荷葉和檸檬切片擺在上面裝飾。

葡萄柚身體噴霧

3 1/2茶匙的甜杏仁油
4滴葡萄柚精油
1/2茶匙卵磷脂
3/4茶匙金縷梅
4茶匙葡萄柚汁

1、甜杏仁油和葡萄柚精油倒入螺旋瓶蓋的玻璃瓶裡，搖晃均勻。

2、加入卵磷脂、金縷梅和葡萄柚汁，搖晃混勻，放在冰箱裡可隨時取用。建議一週內用完。這樣的分量約可供兩次淋浴使用。

> 注意：精油很濃，一定要先用基底油稀釋過才能用在皮膚上。測試膚質敏感度時，先滴一滴精油在手腕內側，24小時內不要洗掉。如果發生過敏現象，表示不宜使用。精油並非適合每一個人。

香草沐浴包

2茶匙乾燥迷迭香
1茶匙乾燥檸檬馬鞭草
3/4杯玉米粉

這些材料可以裝8至10個沐浴包，香味約能維持四個月。迷迭香有助於消除四肢疲勞。檸檬馬鞭草香味強烈，能振奮精神。玉米粉則能軟化水質和皮膚。沐浴包的製作方法請參照第132頁。沐浴包使用完後要丟棄。

薰衣草芳香墨水

15公克的乾燥薰衣草
6茶匙的水
1小瓶墨水

1、將薰衣草壓碎後放到平底鍋中,加水煮開,然後再小火
　　熬煮30分鐘,或是煮到剩下2茶匙褐色不透明液體。
2、仔細過濾後,就可以將芳香的液體加入墨水裡混合。

冰碗

2個碗，一大一小（兩個直徑相差約5-8公分）   *礦泉水*

乾淨純白的鵝卵石   *玫瑰花枝*

噴修膠帶

1、大的碗加水約5公分，放入冰箱一晚，使其結冰。

2、小碗放入結冰的大碗中，在小碗裡裝滿小鵝卵石防止滑動。玫瑰花枝放入兩個碗中間的空隙，用膠帶黏妥固定。在空隙中加水，水位約至碗的一半，不高於膠帶黏貼處，冷凍結冰。

3、結冰後，玫瑰花固定。撕開膠帶，加水注滿空隙，放入冰箱冷凍。

4、結凍的碗放在冷水下面沖，取出冰碗。取出後，放在盤子上，冰到冰箱裡，等到要用時再拿出來。

糖霜玫瑰花瓣

新鮮玫瑰花瓣   *蛋白*

特細砂糖

1、將白色、粉紅色和紅色的乾燥玫瑰花瓣放在衛生紙上，吸收多餘的水分。

2、每片花瓣都浸泡蛋白，再沾裹糖粉，然後甩除多餘或結塊的糖粉。

3、將玫瑰花瓣一片片攤放在鐵網架上，擱置在溫暖通風處乾燥。

花飾

常綠樹的枝葉

鐵絲

鐵絲剪

玫瑰花

鐵夾

1、選用像柔軟的假葉樹（ruscus）之類有茂盛綠葉的植物做為花環底座，用鐵絲將枝幹纏上去，再加一些綠葉覆蓋鐵絲。

2、若底座已裝飾妥當，就可以加上玫瑰花。用強力鐵夾將花飾夾在桌布上，用別針容易傷害桌布。最後，將花飾調整至最美的狀態。

檸檬汁

3顆檸檬 | 1/2杯糖（可酌量）
1公升熱開水 | 冰塊
3枝或4枝新鮮薄荷葉 | 切片檸檬

1、檸檬切塊，放入耐熱的容器裡。

2、加入糖和熱開水，放涼。

3、淋過冰塊，倒入冰過的杯子裡。放入薄荷葉和切片檸檬即可。

玫瑰化妝水

新鮮玫瑰花瓣 | 大玻璃瓶
金縷梅萃取液 | 蒸餾水

1、大玻璃瓶消毒，放入玫瑰花瓣。

2、金縷梅萃取液和蒸餾水以3比1的比例加入瓶中，蓋住玫瑰花約5-8公分高。將開口封好並存放在溫暖不透光的地方。擱置三週後，過濾到乾淨的瓶子裡，可隨時取用。

蟬翼紗布幔

剪刀
蟬翼紗
大頭針
棉線
捲尺
裁縫用的粉筆
乾燥玫瑰花瓣

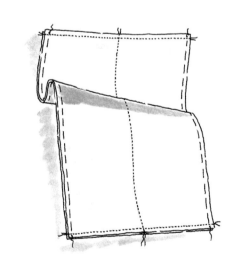

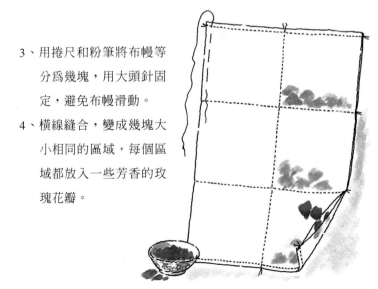

3、用捲尺和粉筆將布幔等分為幾塊，用大頭針固定，避免布幔滑動。

4、橫線縫合，變成幾塊大小相同的區域，每個區域都放入一些芳香的玫瑰花瓣。

1、剪兩塊大小適宜的蟬翼紗，將兩塊別在一起粗縫起來。

2、布幔的上下兩邊縫合，布幔的中央從上到下縫合，只留左右兩邊未縫。

玫瑰香花抱枕

抱枕所需的材料：

印花布料

棉線

填充料

拉鍊

香囊所需的材料：

薄紗

棉線

混合乾燥花的材料：

2杯玫瑰花瓣

2杯薰衣草

1杯檸檬馬鞭草

1茶匙迷迭香

2茶匙磨碎的丁香

1茶匙香鳶尾根粉末

3滴玫瑰精油

2滴薰衣草精油

這些乾燥花材料的分量，可裝入一個約8 x 10吋大小的香囊。抱枕套和香囊的做法請見第128-129頁。

心形薰香球

花泉
鉛筆
刀子
鐵絲
緞帶
用乾燥法處理過的玫瑰花苞（請見第129頁）

1、在花泉上面畫一個心形，用刀子割下來，邊緣割不必
　　割得太平整，因為這個心形花泉最後會被玫瑰花苞完
　　全遮蓋住。

2、剪一段鐵絲，長度為心形花泉的兩倍。鐵絲對摺成兩
　　半，緞帶從鐵絲環中穿過去，再將鐵絲的兩端從心形
　　花泉的頂部穿過去，並從花泉的背後穿出，然後再將
　　鐵絲往回摺，貼著花泉藏起來。

3、玫瑰花苞的柄插入花泉裡，插得密集一點，避免花泉
　　露出來。插好後，綁上一個蝴蝶結，懸掛裝飾。

芳香信紙

手工製的空白筆記本
塑膠袋
混合乾燥花香囊
新鮮夏季花朵
膠水

1、將筆記本和喜愛的混合乾燥花香囊一起放入塑膠袋
　　裡，封存兩週。

2、使用壓花器或用吸墨紙包住花朵，壓在書頁之中，再
　　堆上幾本厚重的書，擱置兩週，等到花朵完全乾燥為
　　止，就可以將喜歡的夏季花朵做成乾燥花。

3、將花朵黏貼在筆記本上，每一頁都襯一張衛生紙，芳
　　香的夏季紀念品就大功告成了。

SUMMER

蘋果花環

10-15顆紅蘋果

6顆檸檬榨出的檸檬汁

1 1/2茶匙的鹽

鋁箔紙

紙巾

鐵絲

緞帶

芳香抱枕

混合乾燥花的材料：

2杯玫瑰花瓣	*1杯薰衣草*
1/2杯檸檬馬鞭草	*1/2杯百里香*
1/2杯迷迭香	*1茶匙磨碎的丁香*
2茶匙肉桂切片	*3滴佛手柑精油*
2滴丁香精油	*1滴肉桂精油*

抱枕所需的材料：

抱枕布	*棉線*
填充料	*拉鍊*
滾邊或流蘇（可有可無）	

香囊所需的材料：

薄紗	*棉線*

這些乾燥花材料的分量，可裝入一個約8 x 8吋大小的香囊。

抱枕套和香囊的做法請見第128-129頁。

1、蘋果切成寬約0.3公分的薄片。烤箱預熱至攝氏121
度。在一個碗裡放入檸檬汁、鹽和足量的水調勻，蘋
果浸泡在碗裡十分鐘。鋁箔紙穿幾個洞以便通風，然
後鋪在網架上。

2、蘋果用紙巾擦乾，鋪放在準備好的網架上。放入烤箱
中烤五、六個小時，經常翻面，避免兩邊烤得不均
勻。蘋果片表面變硬但還沒變棕色時即可取出。

3、用鐵絲將烤好的蘋果片串成一串，打個蝴蝶結更賞心
悅目。

AUTUMN

蘋果派

分量：9吋的蘋果派

餅皮所需的材料：

3杯中筋麵粉

1茶匙鹽

1/2杯（1條）未加熱的無鹽奶油

1/4杯冷酥油

3/4杯冰水

餡料所需的材料：

3磅適合烘焙的紅蘋果（約7顆大蘋果）

2/3杯砂糖（可準備多一點，撒在派上）

2/3杯盒裝的黃砂糖

2茶匙中筋麵粉

1 1/2茶匙肉桂粉

1/4茶匙肉豆蔻粉

鹽少許

1茶匙細碎檸檬皮

2茶匙新鮮檸檬汁

2茶匙無鹽奶油

1顆蛋黃，稍微打一下

1、麵粉和鹽混合，加入奶油和酥油，用切麵刀或用兩把叉子拌勻，直到產生粗的顆粒。加入冰水攪拌，讓麵糰塑成球狀。麵糰平均分成兩塊，各壓扁成6吋大的圓盤狀，用保鮮膜包住，放入冰箱冰30分鐘。

2、蘋果削皮去核，切成1/4吋寬的薄片，放入大碗裡。加入糖、麵粉、香料、鹽、檸檬皮和檸檬汁混合，讓蘋果完全浸在裡面，使醬料均勻覆蓋。

3、烤箱預熱至攝氏220度，準備一個8或9吋大的派盤，用奶油刷過。拿出一團麵糰，在表面撒麵粉，將它撒成一個1/4吋厚的13吋圓形派皮，然後將派皮放入派盤裡，派皮與派盤的邊緣貼緊。

4、用湯匙將餡料舀入派皮中間，上面再加入一些奶油。

5、將另一團麵糰撒成12吋的圓形派皮，覆蓋在餡料上。兩片派皮的邊緣摺疊卜壓，形成約1/2吋高的邊緣。邊緣壓上一些凹槽。在派的中間又一些氣孔，用蛋黃刷過整個派。也可以灑一些糖在上面。

6、放入烤箱，用攝氏220度烤15分鐘，之後再將溫度調降至180度，烤到派皮呈金黃色，蘋果變軟。時間約需一個多小時。若蘋果派上面那層焦得太快，就鋪放一張鋁箔紙蓋著。蘋果派出爐後，先置於架上放涼約2小時，然後就可以切開享用了。

黑莓果醬

分量：約1公升的果醬（分量可以加倍）：

2磅（約900公克）新鮮的熟黑莓
4 1/2杯糖
1茶匙現刨檸檬皮
4小罐的自製罐頭瓶子（約250毫升）

1、半量黑莓放入8公升的平底鍋中，用木頭湯匙將黑莓壓成果泥再攪拌，避免讓果粒分散。用中火煮5分鐘，稍微收汁。

2、加入糖和檸檬皮煮滾。不斷攪拌，直到糖完全溶解（注意重點）。

3、繼續加熱並攪拌，直到烹飪用的溫度計升到攝氏105度，果醬變得有點濃稠（約煮20分鐘），就可以關火了。

4、在煮果醬的同時，將瓶子洗淨，放入鍋裡用水煮沸，煮到要用時再取出。

5、將熱果醬裝入瓶子裡，不要裝滿，約留1公分左右，然後按照製造商的指示，封緊瓶口。封好的瓶子放入水裡泡約10分鐘，使其完全冷卻。檢查封口是否完整。擱置陰涼處，存放六個月。打開過後的果醬要放進冰箱冷藏。

焦糖蘋果

分量：6顆蘋果（分量可以加倍）

6顆酸酸甜甜的蘋果
6根枝仔冰的木棒或竹籤
1磅未包裝的香草焦糖
3茶匙熱開水
3/4杯花生粉（可有可無）

1、蘋果洗淨擦乾，拔掉梗。從梗的部位插入一根竹籤，插到一半的位置。

2、焦糖加熱水，放在大的平底鍋或雙層鍋裡，用中火煮，經常攪拌。煮成均勻平滑的焦糖醬後關火。

3、每顆蘋果沾塗焦糖，手握緊竹籤，將平底鍋略微傾斜，讓蘋果在裡面旋轉，直到均勻沾滿焦糖。從平底鍋將蘋果取出，轉一轉，讓多餘的焦糖醬滴回鍋裡。

4、蘋果沾好焦糖後，可以再將蘋果拿到花生粉裡滾一下。將蘋果直立放在鋪好烤盤紙的烤板上，焦糖冷卻不黏後，用玻璃包裝紙包住，綁上緞帶。

AUTUMN

調味蘋果酒

1公升蘋果汁

1公升蔓越梅汁

少許白蘭地酒

1顆檸檬，切片

1顆柳橙，切片

5公分長的生薑，去皮切片

2茶匙的糖

6個丁香

1/2茶匙磨碎的肉豆蔻

將所有材料放進平底鍋裡，用慢火熬煮。趁熱飲用。如果沒喝完，下次上桌前要再加熱。

枕頭香囊

混合乾燥花的材料：

1杯薰衣草	*1杯檸檬馬鞭草*
1杯蛇麻草	*1杯玫瑰花瓣*
1枝搗碎的肉桂棒	*1茶匙丁香*
5滴薰衣草精油	*5滴佛手柑精油*

香囊所需的材料：

薄紗	*棉線*
布製玫瑰花	

這些乾燥花材料的分量，可裝入四個6 x 4吋大小的香囊。

香囊的做法請參考第128頁，但再加一個垂下的蓋子，如圖所示。混合香料裝入香囊裡，將袋子蓋好後縫合。再縫上一些布製的玫瑰花裝飾會更漂亮。

防蟲香囊

香囊外袋所需的材料：

絲絨　　　　　棉線　　　　　玻璃珠

香囊所需的材料：

薄紗　　　　　　　　棉線

混合乾燥花的材料：

3杯紅柏木片　　　　　1杯薰衣草

1杯玫瑰花瓣　　　　　5滴薰衣草精油

這些乾燥花材料的分量，可裝入四個4 x 4吋大小的香囊。香囊的做法請見第128頁。混合香料裝入香囊，再將香囊外袋縫上玻璃珠做裝飾。

秋季的混合乾燥花

選一些樹林裡的材料，如松毬、形狀漂亮的乾燥木頭、玉米穗軸

1茶匙檀香粉　　　　　1/2茶匙肉豆蔻粉

2滴柏樹精油　　　　　2滴紅柏精油

2滴依蘭精油

檢查樹林裡撿來的材料有沒有蟲，然後和所有香料一起放進塑膠袋裡，搖晃均勻。放置兩、三週後，就可以拿出來擺放在漂亮的碗裡做裝飾。

芳香衣架

1杯乾燥薰衣草　　　　　1杯乾燥玫瑰花瓣

5滴薰衣草精油　　　　　布料

木質衣架　　　　　　　棉線

緞帶

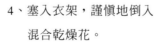

1、依前面教的方法製作混合乾燥花。

2、布對摺，正面朝內，衣架放置在上面，沿著衣架剪下來，外圍留1吋的縫份。

3、用大頭釘將兩塊布釘好，縫合，但不要全縫起來，留下可以放進衣架的空間。將布翻到正面。

4、塞入衣架，謹慎地倒入混合乾燥花。

5、將未縫合的部分縫起來，用緞帶纏繞掛鉤，最後用線縫合固定。

手工香皂

3塊半透明的無香精肥皂
1/4杯熱水
約6滴橘色或紅色的食用色素
約10滴香橙花精油

1、將肥皂刨成細絲,裝入隔熱碗裡,加入熱水。
2、將碗裡的肥皂水倒入平底鍋,用中火煮,持續翻攪,
　　肥皂變軟就關火。
3、將幾滴食用色素和精油滴入肥皂中攪拌混勻。
4、肥皂泥在溫暖的地方放擱置約10分鐘,稍涼就可以用
　　手將肥皂泥分成三等份,塑成球狀。放在溫暖乾燥的
　　地方,「醃製」四週後,香皂就完成了。

鞋內芳香包

混合乾燥花的材料:

1杯薰衣草
1杯檸檬馬鞭草
1/2杯玫瑰花瓣
1枝搗碎的肉桂棒
1湯匙搗碎的丁香
5滴薰衣草精油
5滴佛手柑精油

香包所需的材料:

紙	絲絨
棉線	緞帶

1、將紙照著鞋底做出兩個鞋型,當成香包的樣板。
2、按照樣板剪出兩塊布,布留1吋的縫份。
3、兩塊布正面相向縫合,預留空隙,以便倒入混合乾燥
　　花。將正面翻出來。
4、依一般方法將香草植物和精油混合,舀入香包中,再縫
　　合空隙,綁上緞帶。按照同樣的方法做另一腳的香包。

注意:懷孕婦女使用香精油前,務必徵詢醫師。懷孕前三個月,禁止使用所有的精油。歐洲薄荷(Pennyroyal)、鼠尾草和冬青木是懷孕期間絕對不能用的精油。懷孕三個月過後,可以稀釋薰衣草和洋甘菊精油使用。嬰兒非常敏感,不能使用混合乾燥花枕頭。

AUTUMN

薑餅星星

分量：2打薑餅星星

麵糰所需的材料：

1杯（2條）室溫狀態的無鹽奶油　　*1杯砂糖*

2顆蛋黃　　*2/3杯糖蜜*

3杯中筋麵粉　　*2茶匙磨碎的薑*

1茶匙小蘇打粉　　*1茶匙的鹽*

1/2茶匙磨碎的丁香　　*1/2茶匙磨碎的肉豆蔻*

1個三吋半的星形餅乾切模

裝飾所需的材料：

裝飾緞帶（1/4吋寬，每12吋剪成一段）　　*糖粉*

1、麵糰：電動攪拌器調高速，將奶油和糖攪拌混合，打成淡黃色即可。接著，放入蛋黃一起打，一次加一顆，然後再加入糖蜜。

2、麵粉、薑、小蘇打粉、鹽、丁香和肉豆蔻放入碗中調勻，用木湯匙將這些粉加入麵糰裡，全部混勻。用保鮮膜覆蓋，放入冰箱冷藏至少一小時或一夜。

3、烤箱預熱至攝氏180度，兩個烤盤塗上奶油。在麵糰上撒一點麵粉，將一半的麵糰撖成1/4吋厚，用星形切模切出星星的形狀，然後將星星排放入烤盤，間隔約1/2吋。用小尖刀，在距離每個星星頂端約1/2吋處刺一個洞（用來綁緞帶）。

4、餅放進烤箱烤10分鐘，或烤到變硬。餅乾放在烤盤約5分鐘，使其稍涼。如果有的洞被烤得密合，就用小刀再刺一下。最後，餅乾置於網架上冷卻。

5、裝飾：緞帶穿過星的洞打結，撒一些糖粉在星星上。

冬季混合乾燥花

1顆大柳橙	1杯薰衣草梗
1/2杯雪松木片	1/2杯磨碎的丁香
3茶匙的香鳶尾根粉	1茶匙肉桂
3滴佛手柑精油	2滴薰衣草精油
2滴橙花精油	

1、烤盤上鋪蠟紙，柳橙切片放在烤盤上。

2、柳橙片放進烤箱，用低溫烤30分鐘，或烤到完全乾燥為
　　止。放涼後，與其他精油和香料混合。

WINTER

芳香枕頭

枕頭所需的材料：

絲絨	棉線
穗子（可有可無）	

香囊所需的材料：

薄紗	棉線

混合乾燥花的材料：

1杯蛇麻草	1/2杯菩提花
2茶匙的佛手柑葉	2茶匙的乾燥馬郁蘭
2茶匙的乾燥薰衣草	2茶匙的洋甘菊
1-3滴精油（可有可無）	

這些乾燥花材料的分量，可裝入一個約10 x 8吋大小的香
囊，香囊和枕頭的做法請見第128-129頁。

熟布丁

分量：一個以模子做成的布丁（8人份）

3/4杯的白葡萄乾

1/2杯的無籽小葡萄乾

1/2杯的去核椰棗，切碎

1/2杯蜜漬柳橙皮和檸檬皮（或香櫞）

1/2杯黑葡萄乾

2茶匙磨碎的柳橙皮

1/4杯柳橙汁

1/2杯（1條）室溫狀態的無鹽奶油

1 1/4杯盒裝的黃砂糖

2顆大的雞蛋

1 1/2杯自發性麵粉

1杯新鮮白麵包屑

1茶匙泡打粉

1茶匙牙買加胡椒粉

1茶匙磨碎的肉桂

1/2茶匙磨碎的肉豆蔻

1個約2公升的附蓋子布丁模子

1、白葡萄乾、小葡萄乾、椰棗、香櫞、黑葡萄乾和柳橙皮放入中型平底鍋裡，加入滾開的水泡5分鐘，等到材料膨漲後，將水濾乾。乾果移到碗裡，加入柳橙汁攪拌。浸泡的同時，先做麵糊。

2、電動攪拌器調到高速，將奶油和糖攪拌至顏色變淡，再加入蛋打，一次一個。連續攪拌3分鐘，或麵糊變濃稠為止。

3、將碗裡浸泡著柳橙汁的乾果倒入麵糊攪拌。

4、將麵粉、麵包屑、泡打粉、牙買加胡椒粉、肉桂粉和肉豆蔻粉放入碗中混合均均，再分三次慢慢加到麵糊裡攪拌。

5、將一茶壺的水煮開。用奶油塗布丁模子，將麵糊舀入模子裡，用鋁箔紙覆蓋模子，再蓋緊蓋子。

6、在大型的平底鍋裡面放一個鐵架，布丁模子放在架上，熱開水倒入平底鍋，水的高度約到模子的一半。蓋上蓋子加熱約一個半小時，水不夠再加。關火後等5分鐘，將布丁從模子倒到盤子上。

香料熱甜酒

2瓶紅酒

約1公升的水

1顆柳橙榨的汁和柳橙皮

2顆柳橙，切成薄片

1顆檸檬，切成薄片

10個丁香

1枝肉桂棒

1/2茶匙磨碎的肉豆蔻

2茶匙的白蘭地酒

將所有材料（除了白蘭地酒以外）放入大型的平底鍋裡，慢火熬煮10分鐘，不能用大火煮，否則會讓香氣流失。熄火後再加入白蘭地酒，攪拌均勻，就可倒入溫過的杯子裡飲用。

WINTER

空間也需要好味道 打造天然香氛的 68 個妙招

作 者	克萊兒・露易絲・杭特（Clare Louise Hunt）
內頁攝影	修娜・伍德（Shona Wood）
譯 者	李怡萍

發 行 人	林敬彬
主 編	楊安瑜
責任編輯	施雅棠
封面設計	洸譜創意設計股份有限公司

出 版	大都會文化 行政院新聞局北市業字第89號
發 行	大都會文化事業有限公司
	110台北市信義區基隆路一段432號4樓之9
	讀者服務專線：(02)27235216
	讀者服務傳真：(02)27235220
	電子郵件信箱：metro@ms21.hinet.net
	網站：www.metrobook.com.tw

郵政劃撥	14050529 大都會文化事業有限公司
出版日期	2005年09月初版第1刷
定 價	260元
I S B N	986-7651-47-2
書 號	Master-008

國家圖書館出版品預行編目資料

空間也需要好味道：打造天然香氛的68個妙招 /
克萊兒.露易絲.杭特(Clare Louise Hunt)著；李怡萍譯.
-- 初版. -- 臺北市：
大都會文化, 2005[民94]
面； 公分
譯自：The fragrant year : seasonal
inspirations for a scent-filled home
ISBN 986-7651-47-2(平裝)
1. 裝飾品 2. 香精油 3. 家庭工藝

426.77   94013707

 大都會文化　讀者服務卡

書號：Master-008　書名：空間也需要好味道─打造天然香氛的68個妙招

謝謝您購買本書，也歡迎您加入我們的會員，請上大都會文化網站www.merobook.com.tw登錄您的資料，您將會不定期收到最新圖書優惠資訊及電子報。

A.您在何時購得本書：_____年_____ 月_____ 日

B.您在何處購得本書：_____ 書店，位於 _____ (市、縣)

C.您購買本書的動機：（可複選）1.□對主題或內容感興趣　2.□工作需要　3.□生活需要4.□自我進修　5.□內容為流行熱門話題
　　6.□其他_____

D.您最喜歡本書的：（可複選）1.□內容題材　2.□字體大小　3.□翻譯文筆　4.□封面　5.□編排方式　6.□其他_____

E.您認為本書的封面：1.□非常出色　2.□普通　3.□毫不起眼　4.□其他_____

F.您認為本書的編排：1.□非常出色　2.□普通　3.□毫不起眼　4.□其他_____

G.您希望我們出版哪類書籍：（可複選）1.□旅遊　2.□流行文化　3.□生活休閒　4.□美容保養　5.□散文小品　6.□科學新知
　　7.□藝術音樂　8.□致富理財　9.□工商企管　10.□科幻推理11.□史哲類　12.□勵志傳記　13.□電影小說
　　14.□語言學習（___語）
　　15.□幽默諧趣　16.□其他_____

H.您對本書(系)的建議：
_____

I. 您對本出版社的建議：
_____

★讀者小檔案★

姓名：_____　性別：□男　□女　生日：___年____月____日

年齡：1.□20歲以下 2.□21—30歲 3.□31—50歲 4.□51歲以上

職業：1.□學生 2.□軍公教 3.□大眾傳播 4.□服務業 5.□金融業 6.□製造業 7.□資訊業 8.□自由業 9.□家管 10.□退休

11.□其他_____

學歷：□國小或以下 □國中 □高中／高職 □大學／大專 □研究所以上

通訊地址：_____

電話：（H）_____（O）_____　傳真：_____

行動電話：_____　E-Mail：_____